Martin Kabantu

Van E. Tshiombe

Quelques constantes physiques de l'huile de safou

Martin Kabantu
Van E. Tshiombe

Quelques constantes physiques de l'huile de safou

Éditions universitaires européennes

Impressum / Mentions légales

Bibliografische Information der Deutschen Nationalbibliothek: Die Deutsche Nationalbibliothek verzeichnet diese Publikation in der Deutschen Nationalbibliografie; detaillierte bibliografische Daten sind im Internet über http://dnb.d-nb.de abrufbar.

Information bibliographique publiée par la Deutsche Nationalbibliothek: La Deutsche Nationalbibliothek inscrit cette publication à la Deutsche Nationalbibliografie; des données bibliographiques détaillées sont disponibles sur internet à l'adresse http://dnb.d-nb.de.

Coverbild / Photo de couverture: www.ingimage.com

Verlag / Editeur:
Éditions universitaires européennes
ist ein Imprint der / est une marque déposée de
OmniScriptum GmbH & Co. KG
Bahnhofstraße 28, 66111 Saarbrücken, Deutschland / Allemagne
Email: info@editions-ue.com

Herstellung: siehe letzte Seite /
Impression: voir la dernière page
ISBN: 978-613-1-58268-4

PREFACE

Lorsqu'il se rendait aux marchés approvisionnés par la province du Bas Congo entre janvier et avril, il était ému par la quantité de safou qui gisait par terre ou qui était jeté dans des décharges publiques. A la base, le ramollissement précoce des fruits occasionné par la précarité des moyens transports empruntés. Il naquit alors l'idée de transformer ces fruits en huile pour non seulement réduire ces pertes post-récolte, mais aussi donner une valeur ajoutée à ce fruit, avec comme conséquence logique l'accroissement de revenu chez le producteur.

La résolution d'un tel problème nécessite sa bonne compréhension pour en cerner le contour.

Ce fut le début de l'étude dont la première étape a porté sur la caractérisation morphologique et physico-chimique du safou de Kinshasa, en vue d'établir la corrélation entre les paramètres morphologiques et la teneur en huile des fruits issus des différents pieds.

C'est dans ce contexte qu'il faut situer la caractérisation physique de l'huile de safou pour étayer la transformation de ce fruit en huile et orienter les utilisateurs pour la destination d'une telle huile.

Messieurs Tshiombe Mulamba et Kabantu Tshikeba ont tenu, par cette étude, à apporter leur contribution à la résolution d'un réel problème qui concerne notre société.

2

REMERCIEMENTS

Il paraît indiqué d'adresser nos remerciements au Professeur Thomas Silou qui a suggéré ce thème pour la caractérisation des oléagineux du bassin du Congo en vue de leur valorisation. Le professeur Masimango Ndyanabo et le docteur Mayele Kipoy qui soutiennent cette démarche au niveau de l'Université de Kinshasa méritent toute notre gratitude pour leurs conseils éclairés.

Nous remercions sincèrement le staff du laboratoire de Biochimie et Technologie des Aliments du Commissariat Général à l'Energie Atomique, Centre Régional d'Etudes Nucléaires de Kinshasa, pour sa contribution significative dans la réalisation des analyses de nos huiles.

Nos remerciements aillent aux familles Tshikeba et Tshiombe pour tout le soutien en vu de la réalisation de cette œuvre.

Que tous les membres des Editions Universitaires Européennes daignent accepter nos remerciements tour l'idée géniale de la publication de cet ouvrage.

AVANT PROPOS

L'un des problèmes cruciaux de la RDC est la transformation des produits agricoles. Cette dernière permet non seulement d'améliorer la présentation du produit, mais aussi de donner une valeur ajoutée à celui- ci. Car, les conditions climatiques acerbes et la précarité des infrastructures de transport ne permettent pas la conservation de la plupart de nos produits agricoles locaux après la saison de production.

Les oléagineux dits non conventionnels de la riche biodiversité végétale de la RDC n'échappent pas à ce problème, même si la plupart sont sous-exploités alors qu'ils sont pourtant utilisés par des populations locales.

Leur caractérisation constitue un atout majeur pour le déterminer l'utilisation d'un produit naturel et étendre sa production en fonction de l'intérêt qu'il présente.

Cet ouvrage est destiné à apporter un élément d'appréciation de l'huile de safou, un produit à tirer de ce fruit dont la grande périssabilité limite ostensiblement le développement de sa filière.

6

INTRODUCTION

La République Démocratique du Congo est butée à des différents problèmes alimentaires pendant qu'elle regorge une biodiversité très importante pouvant résoudre ces problèmes.

Parmi ceux-ci nous pouvons citer la rareté des certaines denrées comme les huiles raffinées dont le prix sur le marché n'est pas à la bourse de tous. Pourtant, comme par ironie du sort, d'importantes quantités de la production nationale, déjà faible du reste, sont perdues faute de moyens de conservation.

Parmi les nombreuses pertes post récolte figure celle du safou dont environ 40 % sont perdus à la suite du ramollissement. Pour tirer le maximum de profit de ce fruit, il est important de le transformer en huile par la récupération des fruits ramollis. L'huile obtenue aura toute son importance si on en connaît les différentes caractéristiques.

Le présent travail s'assigne pour objectif de contribuer à la caractérisation de l'huile de safou vendu à Kinshasa. Il s'agit ici de déterminer quelques paramètres physiques par lesquels la qualité d'une huile peut être appréciée ; à savoir : la densité, l'indice de réfraction, la viscosité, l'aspect, la coloration, etc.

La méthodologie utilisée dans ce travail est l'extraction à l'eau de l'huile des fruits du *Dacryodes edulis* achetés sur le marché de Kinshasa. La détermination des paramètres physiques a été faite par les analyses appropriées au laboratoire de Biochimie et Technologie des Aliments du Centre Régional d'Etudes Nucléaires de Kinshasa, CREN–K, nous signalons que la détermination de l'aspect et la coloration a été faite à l'œil nu.

Les fruits ont été collectés et les extractions se sont faites du 15 février au 17 mars 2010. Les extractions d'huiles ont été faites au laboratoire de Chimie de la faculté des Sciences Agronomiques, UNIKIN.

Hormis l'introduction et la conclusion, ce travail comprend trois chapitres articulés comme suit :

- La revue de la littérature qui présente les généralités sur le safou, le charbon actif, l'huile des oléagineux et la filtration de l'huile des oléagineux ;
- Les matériel et méthodes ;
- Les résultats et leurs discussions.

Chapitre I : REVUE DE LA LITTERATURE

I.1. INTRODUCTION

Les recherches sur le safoutier se sont orientées sur deux axes principaux :

- L'axe agronomique orienté vers l'étude de la biologie, de l'écologie, de la phytosociologie, et de la botanique de l'arbre (Mulumba C., 2007) ;

- L'axe technologique où est vérifiée la composition physico-chimique des ses produits et de leurs dérivés afin d'en définir l'utilisation. Sur ce point, un grand regard a été tourné jusque là vers la composition chimique des fruits afin de déterminer leur valeur biologique et nutritionnelle (Mulumba C., 2007).

I.2. GENERALITES SUR LE SAFOU

I.2.1. Importance et usage du safou

Selon Mulumba C., (2007), l'importance attribuée à cette essence se justifie par les multiples fonctions qu'accomplissent ses produits dans la vie de l'homme. Mais ce qui fait du safoutier une plante d'avenir c'est la richesse de ses fruits en huile susceptible même de servir à une exploitation industrielle.

Sur le plan gastronomique, depuis de longues années, le safou, cuit dans un peu d'eau ou sous la cendre, est consommé traditionnellement seul, comme légume ou sous forme de beurre à tartiner le pain. La macération obtenue après cuisson donne une pâte huileuse à laquelle sont ajoutés divers condiments et aromates locaux comme des crevettes consommées avec des aliments de base tels que le plantain ou le manioc. Le safou entre dans la composition de plusieurs recettes telles que la préparation des galettes, des biscuits, des gâteaux, des beignets, etc. (Kengue J., 2003).

La pulpe des fruits mûrs est consommée crue ou plus souvent cuite. Les fruits sont grillés ou bouillis dans l'eau. Leur saveur est légèrement amère. La pulpe est riche en féculents, protéines et vitamines (Hugues D. et Philippe L. 1987).

Son l'huile peut devenir un bon ingrédient dans l'industrie des corps gras. Elle peut être utilisée sous forme brute, sous forme de triglycérides raffinés tels que les acides gras ou sous forme des dérivées lipidiques dans plusieurs industries de fabrication des résines alkyles, des peintures, des vernis, du savon, des lotions, des pommades dermiques ainsi que des huiles de tables et des graisses alimentaires (Mulumba C., 2007).

Les tourteaux recueillis peuvent être incorporés dans l'alimentation des enfants et servir d'ingrédient dans la préparation des aliments pour bétail. (Kengue J., 2003).

I.2.2. Systématique du safoutier

La classification des angiospermes a été établie selon le système de Cronquist (Cronquist, 1981 ; 1988 in Ondo A, 2009). Cette classification est la plus récente des classifications majeures basées essentiellement sur les critères morphologiques, anatomiques et chimiques. Elle se base sur la subdivision classique des angiospermes en deux classes : monocotylédones et dicotylédones, ayant chacune d'elles des sous-classes (Ondo A., 2009).

Suivant cette hiérarchie, l'espèce *Dacryodes edulis* peut être classée comme suit :

Règne : Plantae – Végétal

Sous-règne : Tracheobionta - Plantes vasculaires

Division : Magnoliophyta – Angiospermes - Phanérogames

Classe : Magnoliopsida - Dicotylédones

Sous-classe : Rosidae

Ordre : Sapindales

Famille : Burseraceae

Genre : *Dacryodes*

Espèce : *Dacryodes edulis.*

Ainsi, le safoutier *(Dacryodes edulis)* appartient à la famille des Burséracées qui était incluse dans l'ordre des Géraniales. Récemment reclassifiées, les Burséracées se retrouvent dans l'ordre des Sapindales, classe des dicotylédones et sous-classe des Rosidées (Ondo A., 2009).

Les feuilles sont composées d'une douzaine de folioles. Elles ont tendance à tomber. Jeunes, elles sont roses ou rouges, plus âgées, elles sont d'un vert foncé. Le feuillage est dense (Hugues D. et Philippe L. 1987).

Les fleurs sont mâles ou femelles. Elles sont regroupées en grappes et ont une couleur jaune. Les fruits sont globuleux et plus ou moins allongés. Ils ont de 5 à 10 cm de longueur selon les variétés. Jeunes, ils sont jaunes ou roses ; à maturité ils deviennent violets ou noirs (Hugues D. et Philippe L. 1987).

Son histoire a évolué également avec le changement du nom vernaculaire français. Jadis, le safoutier était appelé « prunier », en référence à la ressemblance des safous avec les fruits du vrai prunier. Le nom vernaculaire actuellement en usage est le safoutier, il dérive de lingala « safou » et « Nsafou » en Kikongo.

En anglais, il est appelé « Bush butter tree », « African plum tree » (prunier d'Afrique), « African pear » (avocatier d'Afrique), en référence, respectivement, à sa richesse en acides gras et son exploitation à l'état sauvage ; à la ressemblance de ses fruits à ceux du prunier, et de l'avocatier. (Kengue J. 2003).

I.2.3. Distribution géographique et habitat

Le Safou est un arbre de régions tropicales humides pouvant atteindre une hauteur de 10 à 15 mètres. Sa cime est arrondie et son feuillage est vert foncé. Il forme une charpente des branches placées en plusieurs couronnes le long du tronc. Il ne perd pas ses feuilles en saison sèche (Hugues D. et Philippe L., 1987).

Le safoutier pousse dans une gamme variée de conditions de sol et de climat, son comportement phrénologique varie d'un endroit à un autre en rapport avec les paramètres locaux de climat et de sol. Le safoutier est une essence fruitière indigène au Congo. En dehors de la RDC, on retrouve le sofoutier dans les pays de la sous région d'Afrique centrale et du golfe de Guinée : Nigeria, Gabon, Cameroun, Congo Brazzaville et Guinée équatoriale. En dehors de cette zone de répartition naturelle, le safoutier a été introduit en Malaisie et en Côte d'ivoire. (Mulumba C., 2007).

Quant à son habitat, on le rencontre en forêts ombrophiles de terre ferme ; dans les galeries forestières et dans des marais. Il est souvent cultivé jusqu'à 100m d'altitude et s'adapte facilement aux sols pauvres. (Mulumba C., 2007).

I.2.4. Techniques de récolte et de conservation

I.2.4.1. La récolte

Les fruits sont récoltés de l'arbre quand ils ont atteint leur maturité. Les safous sont mûrs lorsque l'épicarpe prend une couleur bleue, bleu violacé, pourpre, bleu panaché de rose ou de blanc, bleu foncé et le mésocarpe est vert, blanc ou rose. La récolte des fruits se fait essentiellement par cueillette. Toutefois, les fruits sont parfois ramassés. La récolte se fait par temps sec.

On évite de récolter en temps pluvieux, juste après la pluie ou tôt le matin quand il y a la rosée (Ondo A., 2009).

Les techniques utilisées sont le gaulage depuis le sol ou sur l'arbre en grimpant. Une fois sur l'arbre, les grimpeurs peuvent choisir les fruits mûrs en tirant les branches qui portent les fruits à l'aide d'un crochet ou en coupant directement les grappes pour lesquels tous les fruits sont mûrs (Ondo A., 2009).

Le safoutier à un avantage important du fait que même à maturité, ses fruits peuvent rester sur l'arbre pendant un temps relativement long (Ngakinono M., 2007). Ici la maturité n'entraine pas la chute du fruit comme chez l'avocatier. Ce comportement permet de programmer la récolte sans précipitation.

Toutefois, le caractère périssable du safou impose pour la récolte les précautions suivantes :

- Les récoltes doivent être programmées par temps sec. Ainsi, les récoltes dans les premières heures de la matinée, lorsque les fruits sont couverts de rosée ou par temps pluvieux ne sont pas recommandées ;
- Les blessures que subissent les fruits au cours de leurs chutes constituent généralement le point de départ de leur ramollissement ;
- Il faut donc éviter au maximum d'abimer les fruits pendant la récolte. Ainsi, lorsque les arbres sont bien taillés, bien formés et facilement accessibles, les fruits peuvent être récoltés aisément et mieux conservés ;
- Le point d'intersection du pédoncule constitue dans la majorité des cas le point de départ du ramollissement précoce du fruit.

La technique de récolte qui laisse le morceau de pédoncule sur le fruit permet une conservation de durée plus longue. (Mulumba C., 2007).

I.2.4.2. La conservation

Le safou est un fruit périssable qui se conserve difficilement, en moyenne pendant trois jours à l'air libre et à température ambiante. Le ramollissement naturel des fruits occasionne des pertes post-récoltes pouvant atteindre 50 % de la production au Congo et plus de 50 % au Nigeria (Ondo A., 2009).

Seule la mise au point d'une technique de conservation prolongée ou de transformation en beurre et en huile de safou peut réduire les pertes post-récoltes et encourager la culture à grande échelle pour une meilleure rentabilité de l'espèce (Ondo A., 2009).

Par contre, dès que le safou est récolté, il faut le mettre dans des conditions de températures et d'humidité qui limitent son ramollissement précoce, c'est-à-dire à température ambiante peu élevée et dans un milieu où l'air circule. C'est pourquoi il est abimé à la récolte et ne peut être conservé que pendant 5 à 6 jours (Ngakinono M., 2007).

L'emballage pour le transport se fait de préférence dans les filets à grosses mailles pour permettre la circulation de l'air (Ngakinono M., 2007).

I.2.5. Production et Composition chimique de safou

A l'heure actuelle, il est impossible de trouver des données chiffrées sur le volume de la production de safou dans le différents pays producteurs. Toutefois, certaines indications disponibles peuvent être exploitées et extrapolées. Ainsi, dans certains pays comme au Nigeria on a mentionné des rendements de l'ordre de 200kg de fruits/arbre adulte/an (Ondo A., 2009).

Silou et al. cité par Ondo A. (2009) ont proposé des rendements compris entre 30 et 100kg de fruits par arbre par an. Les rendements annuels présentés par l'ICUC (International Centre for Unutilized Crops, 2001) sont plus élevés, ils oscillent entre 223 et 335kg de fruits par arbre par an.

La production moyenne du safoutier s'évalue à 10-20 tonnes/ha. Elle est soit autoconsommée soit commercialisée pour autofinancement (Ngakinono M., 2007).

Le safou a une valeur alimentaire avérée, sa pulpe contient en moyenne, par rapport à la matière sèche, 50% des lipides, 10 % des protéines, et 27 % des fibres et 10 % des glucides digestibles et apporte, en plus, des minéraux et des vitamines. L'huile extraite de la pulpe de safou est également intéressante sur le plan nutritionnel par la présence de l'acide linoléique (C18 : 2, n – 6) de 18 à 27 % (acide gras indispensable) et celle de l'acide oléique de 10 à 30 %. La quantité (1 à 2 %) et la qualité (tocophérols, stérols, alcools triterpéniques, …) de son insaponifiable lui garantissent des propriétés cosmétiques (Tshiombe E. 2008).

L'huile brute de safou contient également des minéraux tels que le fer dont la teneur diminue au cours de sa purification. Ces éléments sur les vertus alimentaires du safou corroborent ce que disent les associations de consommateurs selon lesquels « tout ce qui vient de la terre est merveilleusement bon » (Tshiombe E. 2008).

De tous les principes organiques, le safou contient beaucoup plus de lipides. Sa teneur en huile élevée le classe parmi les oléagineux de très grande importance. A température ordinaire, l'huile extraite de la pulpe de safou présente généralement deux phases ; une liquide et l'autre solide (Ngakinono M., 2007).

Malgré tout, l'huile de safou se solidifie très lentement. L'essai de séparation par décantation conduit à deux fractions lipidiques composées d'acides gras et de triglycérides très voisines l'une de l'autre et semblables à celles de l'huile totale. Elle renferme les mêmes acides gras que ceux rencontrés dans d'autres huiles végétales comme l'huile de palme.

Elle contient, en proportions élevées, les acides gras suivants :

- Acide palmitique 35-65%
- Acide oléique 16-35%
- Acide linoléique 14-27%   (Ngakinono M., 2007).

I.3. APERCU SUR LE CHARBON ACTIF

I.3.1. Définition

Le charbon actif est un matériau carboné inerte doté d'une porosité intrinsèque très développée qui lui donne la propriété d'adsorber, c'est-à-dire de fixer sur sa surface des nombreuses molécules. Cette caractéristique est due à des millions des micropores créés lors de sa fabrication (Malakasa A., 2002).

Le développement de la structure inerte de ses pores fait accroitre la surface spécifique du charbon actif qui peut atteindre des valeurs de l'ordre de 1.500 m²/g de charbon ; ce qui a pour effet d'augmenter ses propriétés adsorbantes sur les substances dissoutes.

I.3.2. Propriétés physico – chimiques des charbons actifs

I.3.2.1. Structure

Le charbon actif présente une texture amorphe faite de microcristaux de graphite plus ou moins reliés entre eux. Chaque microcristal comprend un empilement des quelques feuillets cristallins possédant un très haut degré de porosité.

Chaque fois qu'il y a discontinuité, les bords des ces feuillets portent les groupements fonctionnels et constituent les sites favorables de la chimisorption. La surface des feuillets, par contre, ne porte pas des charges (Malakasa A., 2002).

I.3.2.2. Paramètres géométriques

Une caractéristique, la plus importante, des charbons actifs qui expliquent leur activité est la surface totale de leurs pores. En plus de la surface spécifique, la dimension et la distribution des pores sont également des paramètres importants.

Suivant leur dimension, on distingue :

- Les macropores : de dimension supérieure à 10.000 Å ; ils ne jouent pas un rôle important dans l'adsorption, car cette porosité est constituée des crevasses entre microcristaux de graphite ;
- Les mésopores : de dimension allant de 100 à 10.000 Å, ils jouent un rôle moins important dans l'adsorption proprement dite, mais ils ont une influence non négligeable sur la cinétique de diffusion des molécules d'adsorbat comme pores d'accès aux micropores ;
- Les micropores : de dimension inférieure à 100 Å, ils se trouvent dans les fissures à l'intérieur des macroscristaux entre feuillets. C'est là que se développe réellement le phénomène d'adsorption.

Les micropores sont répartis en 3 types :

a. Les maxi micropores dont les dimensions sont comprises entre 25 et 50 Å; ils ont la capacité d'adsorber les plus grosses molécules ;
b. Les micropores moyens sont des pores dont les dimensions sont comprises entre 15 et 25 Å ;
c. Les mini micropores sont des pores de dimensions entre 5 et 15 Å.

I.3.3. Préparation des charbons actifs

I.3.3.1. Principe général

D'après Othmer (1964), cité par Malakasa (2002), toute matière carbonée d'origine animale, végétale ou minérale peut être convertie en charbon actif si elle est soumise à un traitement thermique approprié. Ainsi, cet adsorbant peut être mis au point à partir des os d'animaux, des bois durs ou mous et autres déchets végétaux, des résidus pétroliers.

Dans la préparation du charbon actif par la carbonisation, l'expérience montre que l'importance de ses pores dépend de la nature de l'essence végétale utilisée. Dans le charbon des bois ordinaire (moins actif), les pores qui devraient permettre l'adsorption sont obstrués par le goudron ou autres hydrocarbures lourds qui se forment lors de la carbonisation du bois ; ce qui réduit considérablement son pouvoir adsorbant. Ces composés obstruant ne peuvent être libérés qu'à des températures bien supérieures à celles de leurs points de transition normaux.

I.3.3.2. Méthodes de préparations de charbons actifs

Plusieurs méthodes de préparation de charbons actifs sont actuellement utilisées. Citons entre autres la carbonisation simple, la carbonisation avec l'imprégnation préalable des matières premières aux agents chimiques inorganiques et la carbonisation en présence d'un gaz porteur tel que l'Argon (Malakasa A., 2002).

I.3.3.3. Usages des charbons actifs

Les charbons actifs se prêtent, à cause de leurs propriétés adsorbantes, à des multiples applications qui peuvent être classées en trois groupes principaux à savoir :

- Décoloration, désodorisation et d'autres purifications ;
- Récupération ;
- Action Catalytique.

I.4. GENERALITES SUR L'HUILE DES OLEAGINEUX

I.4.1. Définition et composition de l'huile

Selon le dictionnaire universel un oléagineux est une substance oléagineuse c'est-à-dire une plante susceptible de fournir de l'huile faisant objet d'une extraction.

Les oléagineux produisent essentiellement les huiles alimentaires, les huiles alimentaires sont constituées jusqu'à 100 % de lipides (environ 99 % de triglycérides, le reste étant composé principalement de lécithines - suivant l'huile - et de vitamine E), elles ne contiennent pas d'eau et sont très caloriques. Les huiles sont un mélange de triglycérides différents dont la composition moyenne est connue. Leur teneur élevée en acides gras mono-insaturés ou poly-insaturés est bénéfique pour la santé. Chaque huile a une composition en acides gras différente (www.gogle.cd).

On peut mesurer le degré d'insaturation global d'une huile végétale en recherchant son indice d'iode. Plus celui-ci est élevé, plus l'huile contient des AG insaturés. La vitamine E est liposoluble, c'est-à-dire soluble dans l'huile. Les huiles alimentaires contiennent de la vitamine E ou tocophérol. Antioxydant, la vitamine E protège les corps gras contre l'oxydation. Une partie de la vitamine E des huiles raffinées a été éliminée lors du processus de raffinage, on peut en rajouter juste avant l'embouteillage (www.gogle.cd).

I.4.2. Caractéristiques des l'huile

Certaines huiles ont tendance à se solidifier en formant des « flocons » à la température du réfrigérateur : ce phénomène n'a aucune incidence sur leur qualité et ces amas redeviennent liquides à température ambiante. Les huiles les plus riches en acides gras mono-insaturés (comme l'huile d'olive) se figent complètement, il est donc plus pratique de les conserver à la température ambiante (www.gogle.cd).

Les huiles alimentaires ont été utilisées pour la conservation de la viande. Elles sont très utilisées en cuisine pour assaisonner les salades, comme huiles de cuisson ou pour les fritures. Dans l'industrie, elles sont largement utilisées pour les mêmes usages, mais en quantités beaucoup plus importantes (www.gogle.cd).

Pour chaque huile, il existe une température critique (ou point de fumage) au-dessus de laquelle il ne faut pas chauffer l'huile. Quand l'huile atteint la température critique, ses composants se dégradent, forment des composés toxiques (benzopyrène, acroléine) et l'huile fume. C'est pour cela que certaines huiles comme l'huile de noix dont la température critique est faible sont déconseillées pour la cuisson. Il est préférable de jeter une huile qui a fumé, ou même moussé.

Tableau 1 : Température critique de quelques huiles

Origine	Température critique en °C
Arachide	232 (raffiné), 160 (non-raffiné)
Avocat	271
Carthame	200
Colza	204 (raffiné), 177 (semi-raffiné), 107 (vierge)
Olive	242 (raffiné), 216 (vierge), 191 (vierge-extra)
Tournesol	232 (raffiné ou semi-raffiné), 107 (non-raffiné)
Pépin de raisin	216 (raffiné)
Sésame	232 (semi-raffiné), 177 (non-raffiné)
Soja	232 (raffiné), 177 (semi-raffiné), 160 (non-raffiné)
germe de maïs	232 (raffiné), 160 (non-raffiné)
Noix	204 (semi-raffiné), 160 (non-raffiné)
Pépin de courge	140
Palme	240 à 260

(Aumaître A. et al, 1992)

Les huiles doivent être protégées de l'air et de la lumière (à cause de l'oxydation), ainsi que de la chaleur. La réaction d'oxydation ou rancissement se produit lorsque les acides gras insaturés fixent l'oxygène de l'air : les doubles liaisons sont cassées et elles sont remplacées par des liaisons avec des atomes d'oxygène. L'oxydation a lieu plus vite sous l'effet des rayons ultraviolets, de la chaleur ou en présence d'ions métalliques comme le Fe^{2+} ou Cu^{2+}. Elle modifie le goût et des composés indésirables (acides gras libres et peroxydes) apparaissent, qui peuvent être dangereux pour la santé (www.gogle.cd).

Les huiles majoritairement trouvées dans le commerce sont des huiles raffinées, plus stables, et sans arrière-goût végétal car les mucilages, les gommes, la lécithine et d'autres composés végétaux indésirables ont été éliminés lors du raffinage. Plus une huile contient des acides gras poly-insaturés, plus elle nécessite de précautions pour sa conservation. Mais son intérêt nutritionnel est plus grand également (www.gogle.cd).

1.4.3. Quelques constantes physiques de quelques huiles alimentaires

Tableau 2 : Constantes physiques de quelques huiles

Constante	Tournesol	Soja	argan	pourghère	palme	Maïs	Cacao	Raisin	Palmiste	Arachide (Afrique)
D_{20}	0,920 – 0,925	0,921 – 0,24	0,9	0.9012	0.895-0.900	0,917 – 0,925	0,906 – 0,909	0,923 – 0,923	0,899 – 0,913	0,914 – 0,917
V_{20} (c.p)	51 – 57	53 – 58	-	30.87	25-31	55 – 66	-	53 – 58	17 – 20	77 – 82
$n^{20}{}_{D}$	1,474 – 1,475	1,473 – 1,477	-	-	-	1,474 – 1,477	1,456 – 1,458	1,473 – 1,476	1,450 – 1,452	1,470 – 1,472
Ps	-	-	-	-	-	-10 à 118	-	-11 à -17	1.4438-1.4430	-
In de réf.	-	-	1.463-1.478	-	1.453-1.458		-	-	1.4438-1.4430	-

(Sumbu E., 2007; Debbou B., 2007; Haïdara A., 1996, Aumaître A. et al, 1992).

- D_{20} : densité à 20°C
- V_{20}(c.p) : viscosité à 20°C
- Ps : Point de solidification
- $n^{20}{}_{D}$: pouvoir rotatoire
- In de réf : indice de réfraction

1.4.4. Volume d'importation

Six espèces végétales seulement assurent plus de 90 % de la production mondiale d'huile pour la consommation humaine. La survie de la population mondiale dépend de la production de ces quelques espèces pour la partie lipidique de sa ration alimentaire ; cela constitue un risque certain pour son avenir et présente des enjeux politiques et économiques importants (www.gogle.cd).

Tableau 3 : Production mondiale d'huiles végétales en millions de tonnes

Huile	Quantité	Volume de l'apport
Soja	32,0	32 %
Palme	27,2	28 %
Colza	13,6	13,5 %
Tournesol	9,0	8,9 %
Arachide	4,8	4,8 %
Coton	4,2	4,2 %
Total	90,8	91,4 %

(www.gogle.cd)

I.5. APERCU SUR LA FILTRATION DE L'HUILE DES OLEAGINEUX

I.5.1. Filtration

L'huile sortant de l'extraction est faite d'un mélange partiellement émulsionné d'eau contenant en dissolution des sucres et des sels présents dans la pulpe, des matières colloïdales ainsi que des impuretés solides.

La filtration consiste à séparer l'huile des autres constituants du liquide brut d'extraction au moyen soit d'un réchauffage par vapeur directe ou indirect, de soutirage et de centrifugation (Sumbu E., 2007).

La filtration de petites quantités d'huile peut s'obtenir par l'utilisation de plusieurs couches de tissus en coton de fine porosité. Cette méthode à coût modique est simple dans son exécution. Cependant elle ne donnera pas de bons

Quelques constantes physiques de l'huile de safou
Par Martin Kabantu et Van E. Tshiombe
Page 23

résultats quand l'huile à filtrer n'a pas été préalablement bien clarifiée à fond (Koné S., 2001).

L'utilisation d'un filtre-presse permet la conduite d'une filtration continue. On peut ainsi traiter rapidement de grandes quantités d'huile brute pour obtenir une huile limpide, exempte de germes (pathogènes). Cependant, pour cet équipement, on a besoin d'une pompe pouvant développer une pression de 2 à 3 bars, de tuyaux de forte pression ainsi que de tissus de filtration stables à cette pression. En disposant de plusieurs plaques de filtre en série, on peut obtenir des surfaces de filtration de 1 à 3 m^2. Ce procédé de filtration est techniquement compliqué et cher (Koné S., 2001).

L'huile extraite à froid et purifiée ensuite par décantation suivie de filtrage est une huile alimentaire de très grande valeur nutritive, car elle renferme encore tous les éléments vitaux, non dénaturés, comme ceci est souvent le cas selon les procédés classiques de raffinage. En raison des procédés doux d'extraction à froid, elles conservent de facto la quasi-totalité des éléments vitaux naturels tels que les acides gras essentiels, les vitamines, ainsi que les éléments caractéristiques du goût, de la couleur, des arômes ainsi que toute la gamme de substances naturelles biologiquement actives (Koné S, 2001).

Chapitre II : MATERIEL ET METHODES

II. MATERIEL

L'huile de safou est le matériel utilisé, six échantillons ont fait l'objet de notre étude. Il s'agit de :

Huile 1 : l'huile de safou extraite de la pulpe fraiche

Huile 2 : l'huile de safou extraite de la poudre de pulpe de safou après séchage à l'étuve

Huile 3 : l'huile de safou extraite de la poudre de pulpe de safou après séchage à l'étuve

Huile 4 : l'huile de safou extraite de la poudre de pulpe de safou après séchage à l'étuve

Huile 5 : l'huile de safou extraite de la poudre de pulpe de safou après séchage à l'étuve

Huile 6 : l'huile de safou extraite de la poudre de pulpe de safou après séchage à l'étuve

II.3. METHODES

Pour la réalisation de ce travail nous avons procédé par les étapes suivantes :

- L'analyse des paramètres physiques avant filtration ;
- La filtration ;
- L'analyse des paramètres physiques après filtration.

II.3.1. L'analyse des paramètres physiques avant filtration

II.3.1.1. Détermination de la densité

La masse volumique, c'est-à-dire la masse de l'unité de volume qui reste désignée dans le langage courant par l'appellation de « densité » renseigne sur le groupe auquel appartient une huile (Loiseleur J., 1963).

- **Equipement**
  - Thermostat permettant de régler la température à 0,1° C.
  - Pycnomètre de 25 ml, muni d'un thermomètre.
  - Chiffon.
- **Réactif**
  - Alcool.
- **Mode opératoire**

Huiles Fluides

- Peser le pycnomètre parfaitement propre et sec. Le remplir d'eau distillée et le placer dans un thermostatique à température T. Lorsque l'équilibre de température est atteint, ajuster le niveau de l'eau au trait repère (ou mieux à l'extrémité supérieure du capillaire).
- Sortir le pycnomètre du thermostatique, l'essuyer soigneusement, le laisser refroidir et le peser.
- Vider le pycnomètre, l'essuyer soigneusement avec l'alcool, le sécher.
- Remplir le pycnomètre d'huile et le remettre dans le thermostatique. Ajuster le niveau de l'huile lorsque l'équilibre de la température est atteint.
- Sortir le pycnomètre du thermostatique. L'essuyer et le laver soigneusement avec l'alcool.
- Après refroidissement peser le pycnomètre plein d'huile.

Calcul

Soit :

a : le poids du pycnomètre vide ;

b : le poids du pycnomètre plein d'eau

c : le poids du pycnomètre plein d'huile

d : la densité de l'eau à la température des mesures.

d_t : densité du fluide à la température des mesures

$d_t = \frac{c-a}{b-a} \times d + 0,0012 \left(1 - \frac{c-a}{b-a} \times d\right)$ (Loiseleur J., 1963).

II.3.1.2. Détermination de l'indice de réfraction

L'indice de réfraction, comme la densité, est caractéristique du groupe auquel appartient le corps gras. A 20°C les huiles siccatives ont des indices de réfraction compris entre 1,480 et 1,523. Les huiles demi-siccatives ont des indices de réfraction compris entre 1,470 et 1,476 et les huiles non siccatives ont des indices de réfraction compris entre 1,468 et 1,470.

L'indice de réfraction lié à l'insaturation est influencé par nombreux autres facteurs : acidité, degré de dilution, oxydation, polymérisation, existence de fonction secondaire sur les molécules (Loiseleur J., 1963).

- **Equipement :**
  • Réfractomètre relié à un bain thermostatique.
- **Réactifs :**
  • Alcool
  • Eau distillée.
- **Mode opératoire**
  • Laver les prismes du refractomètre à l'alcool ;
  • Les essuyer avec un chiffon très propre et doux. Brancher la circulation d'eau sur le thermostat à la température choisie pour la mesure et attendre que l'équilibre de la température soit atteint ;

- Verser entre les prismes 2 à 3 gouttes du corps gras filtré et séché. Attendre 2 à 3 minutes pour que l'échantillon prenne la température de l'appareil ;
- Déplacer alors la lunette de visée pour que la ligne de séparation de la plage claire et de la plage sombre se situe à la croisée des fils du réticule ;
- Lire l'indice de réfraction du corps étudié à température choisie. Etalonner l'appareil à l'aide d'eau distillée (l'indice de réfraction de l'eau distillée à 20°C est de 1,3330). L'indice de réfraction est une fonction linéaire de la température dans un domaine étroit (10°C) environ (Loiseleur J., 1963).

II.3.1.3. Détermination de la Viscosité

La viscosité est l'ensemble des forces constituées par les forces de frottements entre les différentes couches d'un fluide qui glissent les unes sur les autres et que nous avons appelées forces de cohésion qui prennent naissance au niveau moléculaire (Kalume N., 2008).

- **Equipement**
  - Viscosimètre capillaire de type OSTWALD
- **Réactifs**
  - Chloroforme
  - Eau distillée
- **Mode opératoire**
  - Laver et sécher le viscosimètre ;
  - Mettre de l'eau distillée dans le viscosimetre et attacher la poire au viscosimètre ;
  - Aspirer l'eau jusqu'au remplissage de l'ampoule ;
  - Détacher la poire et prélever le temps de vidange de l'ampoule ;
  - Laver le viscosimètre de nouveau avec le chloroforme et sécher ;

- Faire la même opération pour l'huile.

Et appliquer la relation suivante pour avoir la viscosité

$$\delta_1 \frac{t1}{\eta 1} = \delta 2 \frac{t2}{\eta 2}$$

δ_1 : masse volumique de l'eau
$\delta 2$: masse volumique de l'huile
η_1 : viscosité de l'eau (10^{-3}Pa.S ou N. S./m^2 ou poiseuille) (Kalume N., 2008).
η_2 : viscosité de l'eau
t_1 : temps d'écoulement de l'eau
t_2 : temps d'écoulement de l'huile (Launay B., 1991)

II.3.1.4. Détermination de l'aspect et la coloration

Après extraction l'huile de safou, celle-ci est gardée à la température ambiante. L'observation visuelle permet de déterminer la coloration de l'huile et son aspect qui se réfère à la séparation de l'huile en trois phases.

II.3.2. Filtration

La filtration consiste à séparer l'huile des autres constituants du liquide brut d'extraction au moyen soit d'un réchauffage par vapeur direct ou indirect, de soutirage et de centrifugation (Sumbu Zola E., 2007).

II.3.2.1. Filtration sur charbon actif
- **Equipement**
  - Filtre à pression
  - Papier filtre
  - Charbon actif
- **Mode opératoire**
  - Nettoyer et sécher le filtre ;
  - Mettre en place le papier filtre en se rassurant qu'il n'a pas de fuite d'air ;
  - Mettre la quantité voulue du charbon actif juste sur le papier filtre ;
  - Ajouter la quantité d'huile voulue ;

- Brancher la pompe à pression et pomper jusqu'à faire couler une goutte d'huile dans le récipient qui reçoit l'huile filtrée ;
- Prélever la pression et la durée d'écoulement.

II.3.3. L'analyse des paramètres physiques après filtration

II.3.3.1. Détermination de la densité

On respecte le même schéma que dans le cas précédent.

II.3.3.2. Détermination de l'indice de réfraction

Elle se fait selon la même procédure que dans le cas précédent.

II.3.3.3. Détermination de la viscosité

Elle a été conduite de la façon que dans le cas précédent.

II.3.3.4. Détermination de l'aspect et la coloration

Toujours par l'observation à l'œil nu a permis d'apprécier le traitement par filtration de l'huile brute de safou.

Chapitre III : RESULTATS ET DISCUSSIONS

III.1. RESULTATS

III.1.1. Densité de l'huile de safou avant filtration

Les mesures de la densité effectuées sur les huiles sont consignées dans le tableau 4. L'huile 1 a été retenue pour illustrer le calcul effectué.

Soit

a : le poids du pycnomètre vide : 32,362g

b : le poids du pycnomètre plein d'eau : 57,043g

c : le poids du pycnomètre plein d'huile : 54,820g

d : la densité de l'eau à la température des mesures : 0,99224 avec t°=40°C.

d_t : densité du fluide à la température des mesures

La densité de j'huile a été déterminée de la manière ci-après.

$$d_t = \frac{c-a}{b-a} \times d + 0,0012 \left(1 - \frac{c-a}{b-a} \times d\right)$$

$$d_t = \frac{54,820-32,362}{57,043-32,362} \times 0,99224 + 0,0012 \left(1 - \frac{54,820-32,362}{57,043-32,362} \times 0,99224\right) = 0,90297$$

Tableau 4: Densité de l'huile de safou avant filtration

Echantillon	Densité
Huile 1	0,90297
Huile 2	0,90330
Huile 3	0,90241
Huile 4	0,90422
Huile 5	0,90052
Huile 6	0,90716
Moyenne	**0,90343**

III.1.2. Indice de réfraction de l'huile de safou avant filtration

Les indices de réfraction de nos huiles ont été déterminés avant leur filtration et les résultats sont repris dans le tableau 5.

Tableau 5: Indice de réfraction de l'huile de safou avant filtration

Echantillon	Indice de réfraction
Huile 1	1,46570
Huile 2	1,46570
Huile 3	1,46570
Huile 4	1,46469
Huile 5	1,46570
Huile 6	1,46570
Moyenne	**1,465698**

III.1.3. Viscosité de l'huile de safou avant filtration

La viscosité d'un fluide traduit la résistance à l'écoulement. Les mesures de viscosité de nos huiles se trouvent consignées dans le tableau 6. L'illustration de calcul est faite avec l'huile 4.

Calcul :

Huile 4

Masse de l'huile : 22.458g
Masse de l'eau : 24.681g
Volume : 25ml
T_1 : 18 secondes
T_2 : 1014 secondes
δ_1 : 0.98724g/ml
δ_2 : 0.89832g/ml
η_1 : 10^{-3}Pa.S

$$\delta_1 \frac{t1}{\eta 1} = \delta 2 \frac{t2}{\eta 2} \quad ; \eta_2 = 51,3333 \text{Pa.S}$$

Tableau 6 la viscosité de l'huile de safou avant filtration

Huile	Temps (s)	δ_1 (g/ml)	$\delta 2$ (g/ml)	η_2(Pa.S)
Huile 1	1186	0,98724	0,89832	59,9555
Huile 2	736	0,98724	0,89864	37,2199
Huile 3	925	0,98724	0,89776	46,7320
Huile 4	1014	0,98724	0,89832	51,3333
Huile 5	1690	0,98724	0,89588	85,20
Huile 6	882	0,98724	0,90248	44,7938

III.1.4 Filtration

Pour stabiliser et améliorer la qualité de nos huiles de safou, ces dernières ont été filtrées sur charbon actif et ses caractéristiques sont consignées dans le tableau 7 ci-dessous.

Tableau 7: Caractéristiques de l'huile fitrée sur charbon actif

Echantillon	Qté avant	Qté charb	Qté après	Temps	Température	Pression
Huile 1	50 ml	3 g	40 ml	36min	26°C	240 mm Hg
Huile 2	50 ml	3 g	40 ml	33 min	26°C	240 mm Hg
Huile 3	50 ml	3 g	36 ml	28 min	26°C	240 mm Hg
Huile 4	50 ml	3 g	38 ml	29 min	26°C	240 mm Hg
Huile 5	50 ml	3 g	36 ml	26 min	26°C	240 mm Hg
Huile 6	50 ml	3 g	39 ml	37 min	26°C	240 mm Hg

Légende :

- Qté avant : la quantité d'huile avant filtration
- Qté après : la quantité d'huile après filtration
- Qté charb : la quantité du charbon actif.

III.1.5. Densité de l'huile de safou après filtration

L'huile de safou filtrée présente les valeurs de densité suivantes, présentées dans le tableau 8.

Tableau 8: Densité de l'huile de safou après filtration

Echantillon	Densité
Huile 1	0,92892
Huile 2	0,90066
Huile 3	0,93343
Huile 4	0,89669
Huile 5	0,92830
Huile 6	0,89738
Moyenne	**0,914375**

III.1.6. Indice de réfraction de l'huile de safou après filtration

Après filtration, l'indice de réfraction de nos huiles a varié pour donner une valeur unique telle que le montre le tableau 9.

Tableau 9: Indice de réfraction de l'huile de safou après filtration

Echantillon	Indice de réfraction
Huile 1	1,46570
Huile 2	1,46570
Huile 3	1,46570
Huile 4	1,46470
Huile 5	1,46570
Huile 6	1,46570
Moyenne	**1,46570**

III.1.7. Viscosité de l'huile de safou après filtration

Les modifications de la viscosité de nos huiles, après filtration, se trouvent consignées dans le tableau 10.

Tableau 10 la viscosité de l'huile de safou après filtration

Huile	Temps (s)	δ_1 (g/ml)	$\delta2$ (g/ml)	η_2(Pa.S)
Huile 1	995	0,9748	0,8938	50,68
Huile 2	1204	0,9978	0,9056	60,7081
Huile 3	-	0,9748	0,8932	-
Huile 4	990	0,9978	0,9016	49,69
Huile 5	980	0,9748	0,8932	49,888
Huile 6	965	0,9978	0,9024	48,4853

III.1.8. Paramètres physiques de l'huile de safou

Le tableau 11 résume les différentes caractéristiques physiques de l'huile de safou analysée.

Tableau 11 : Paramètres physiques de l'huile de safou

Echantillon	Coloration		Aspect		Densité		Indice de réfraction		Viscosité	
	Avant	Après	Avant	Après	Avant	Après	Avant	Après	Avant	Après
Huile 1	Jaune verdâtre	Jaune d'or	3 phases	2 phases	0,90297	0,92892	1,46570	1,46570	59,9555	50,6800
Huile 2	Jaune verdâtre	Jaune d'or	3 phases	2 phases	0,90330	0,90066	1,46570	1,46570	37,2199	60,7081
Huile 3	Jaune verdâtre	Jaune pale	3 phases	2 phases	0,90241	0,93343	1,46570	1,46570	46,7320	-
Huile 4	Jaune verdâtre	Jaune d'or	3 phases	2 phases	0,90422	0,89669	1,46469	1,46470	51,3333	49,6900
Huile 5	Jaune verdâtre	Jaune d'or	3 phases	2 phases	0,90052	0,92830	1,46570	1,46570	85,2000	49,8880
Huile 6	Jaune verdâtre	Jaune pale	3 phases	2 phases	0,90716	0,89738	1,46570	1,46570	44,7938	48,4853

III.2. DISCUSSIONS

L'huile brute de safou à température ambiante présente trois phases distinguables par la coloration de chacune, contrairement à deux phases vues par Ngakinono (2007). La couleur de deux phases inférieures dépend des échantillons de safous. La phase inferieure, la troisième, est semi-solide.

Il va sans dire que les huiles filtrées ont présenté des colorations différentes. Cependant, l'huile filtrée présente, à la température ambiante, deux phases dont une très fluide constituée essentiellement par l'oléine.

Nous constatons que, du point de vue de la densité, l'huile brute de safou est plus proche de celle de maïs et d'arachide d'Afrique, mais légèrement plus dense que celles de palme et de palmiste. Par contre, l'huile filtrée de safou s'approche, par sa densité, de celle du cacao, de palme et de palmiste.

Par rapport à l'indice de réfraction, l'huile brute de safou est plus proche de celle d'argan ; tandis que son indice est supérieur à celui de l'huile de palmiste mais inferieur à celui de l'huile de palme.

Il apparaît que l'huile brute de safou est non siccative, de même que l'huile de safou filtrée.

Du point de vue de la viscosité, l'huile brute de safou de l'échantillon 5 est plus proche de celle d'arachide d'Afrique. Les huiles 1 et 4 sont de viscosité comparable à celle de l'huile de soja, de tournesol et de maïs.

Cependant, la moitié des échantillons analysés a présenté une viscosité faible, comparativement à celle de l'huile de poughère, mais tout de même comparable à celle de l'huile de palme et de palmiste.

Après filtration, l'huile 1 et 2 ont présenté une viscosité proche de celle de l'huile d'arachide d'Afrique, du maïs, de tournesol et de soja. Les viscosités des autres échantillons n'en sont pas très éloignées.

CONCLUSION

Partant de safou ramolli en passant par l'huile brute extraite de ce dernier, nous sommes arrivés à avoir une huile de qualité qui répond aux normes des huiles alimentaires, ceci est justifié par les résultats des manipulations ou analyses des certains paramètres physiques étudiés dans ce travail.

Les constantes physiques de l'huile de safou étudiée ainsi que la couleur et l'aspect de cette dernière ont été déterminées. Ces éléments constituent une ébauche de la caractérisation physique de cette huile.

Il est apparu que l'huile de safou, aussi bien brute que purifiée, est non siccative. Elle est comparable aux huiles alimentaires dites conventionnelles (huile d'arachide, de soja, de maïs, de palmiste, de palme,…).

L'huile de safou laissée au repos présente trois phases et une coloration jaune verdâtre à son état brut, tandis qu'elle présente deux phases après filtration et une coloration jaune pale ou jaune d'or pour certains échantillons. La première phase liquide (phase supérieure) est constituée essentiellement par l'oléine et la phase inferieure est semi solide.

La détermination des indices chimiques de cette dernière constituera une étape non négligeable dans la caractérisation de l'huile de safou obtenue par hydrothermie.

REFERENCE BIBLIOGRAPHIQUE

1. AUMAITRE A.,BANCOURT H., BARSACQ J.C., BERNARD D., BETCHER F., BLANC M., BOCKELE-MORVAU A., BOUCHIER P., Manuel des corps gras, Technique et Documentation- Lavoisier, 11, rue Lavoisier-F 75384, Paris Cedex 08, 1992.

2. DEBBOU B., Extraction et caractérisation biochimique de l'huile d'argan (*Argania spinoza* L. Skeels)/ Institut National Agronomique (Alger), 2007

3. HAÏDARA A. O., Valorisation d'une huile végétale tropicale : l'Huile de Pourghère, mémoire de maitrise és sciences appliquées (génie chimique)/ Université de Sherbrooke, Québec, Canada, 1996

4. HUGUES D. et PHILLIPE L., Jardins et Vergers d'Afrique, terres et vie, rue Laurent Delvaux 13, 1400 Nivelles, Belgique, 1987

5. KALUME NDOWA N., Notes de cours de physique générale (mécaniques générale), premier graduat Agronomie/UNIKIN, 2008

6. KENGUE J., Safou *(Dacrydes edulis)* manuel du vulgarisateur/ university of Southampton, Southampton, 2003

7. KONE S., Unités modernes de transformation des oléagineux à petite et très petite échelle: performances et limites, Gate Information Service, 2001. www.gtz.de/gate., du 06/11/2010

8. LAUNAY B., Techniques rhéologiques, Technique d'Analyse et de contrôle dans les industries agro-alimentaires, vol. 2, havoisier-Tec et Doc, 1991

9. LOISELEUR J., Techniques de laboratoire, tome 1, fascicule 2, Paris, 1963

10. MALAKASA A., Etude de la décoloration de l'huile de palme à l'aide du charbon actif (bagasse), mémoire de fin d'études, Faculté des Sciences Agronomiques/ UNIKIN, 2002

11. MULUMBA CIMANGA J.M., L'influence du calibre et du poids de safou sur sa teneur en huile, Travail de fin de cycle, Faculté des Sciences Agronomiques/ UNIKIN, 2007

12. NGAKINONO M. P., Contribution à l'étude bibliographique sur le safou, Travail de fin de cycle, Faculté des Sciences Agronomiques/ UNIKIN, 2007

13. ONDO-AZI A. S., Diversité morphologique et physicochimique et Potentialités à l'huilerie des safous (*Dacryodes edulis*) de la zone écologique de Franceville (Sud-Est du GABON), mémoire de thèse /Université Marien Ngouabi, 2009

14. SUMBU ZOLA Eric,   Notes de cours d'usinage et conservation des produits agricoles, 3e graduat Faculté des Sciences Agronomiques/ UNIKIN, 2007

15. TSHIOMBE MULAMBA Van Emery,   Application de la statistique multivariée à la caractérisation morphologique et physico-chimique de safou *(Dacryodes edulis)* de mont-ngafula (Kinshasa), mémoire de DEA/ Université Marien Ngouabi, 2008

16. www.gogle.cd,   http ://fr. wikipedia/huile alimentaire.org, du 04/12/2010

TABLE DES MATIERES

www.ingramcontent.com/pod-product-compliance
Lightning Source LLC
Chambersburg PA
CBHW021611210326
41599CB00010B/701